Miriam Paffen

Spezifische Formen des Tourismus in der Karibik

GRIN Verlag

Bibliografische Information der Deutschen Nationalbibliothek:

Die Deutsche Bibliothek verzeichnet diese Publikation in der Deutschen National-
bibliografie; detaillierte bibliografische Daten sind im Internet über http://dnb.d-
nb.de/ abrufbar.

Impressum:

Copyright © 2008 GRIN Verlag GmbH
Druck und Bindung: Books on Demand GmbH, Norderstedt Germany
ISBN: 978-3-640-15071-7

Dieses Buch bei GRIN:

http://www.grin.com/de/e-book/113249/spezifische-formen-des-tourismus-in-der-
karibik

15. Juli 2008

RWTH Aachen

Geographisches Institut

Hauptseminar Wirtschaftsgeographie

Sommersemester 2008

Hausarbeit

Spezifische Formen des Tourismus in der Karibik

Miriam Paffen

Inhaltsverzeichnis

1   Einleitung und Themenabgrenzung

Die karibische Inselwelt gilt von je her als der Inbegriff eines tropischen Paradieses mit traumhaften weiten Stränden, einsamen Badebuchten, üppigen tiefgrünen Regenwäldern und gastfreundlichen Menschen. Schon seit ihrer Entdeckung zum Ende des 15. Jahrhunderts und der darauf folgenden Kolonialzeit reisen Menschen in diese Region um in diesem Umfeld sich zu erholen und zu entspannen.

Doch seitdem hat sich viel geändert. Mit der Zeit haben nicht nur die Besucherzahlen enorm zugenommen, auch die Möglichkeiten seinen Urlaub zu gestalten sind gewachsen. Die außerordentliche kulturelle Vielfalt und die naturräumliche Attraktivität, die die Westindischen Inseln bieten, sind die Grundlage um die verschiedensten Urlaubsbedürfnisse befriedigen und damit einen erfolgreichen Tourismus betreiben zu können. Jedoch sind diese so wertvollen natürlichen Ressourcen empfindlich und begrenzt. Der Massentourismus der letzten Jahrzehnte hat bereits jetzt schon deutliche Spuren im Inselparadies hinterlassen.

Die vorliegende Arbeit beschäftigt sich zunächst mit den natürlichen und kulturellen Rahmenbedingungen, die das touristische Potential der Region darstellen und die nötige Basis für den Fremdenverkehr sind. Im darauf folgenden Kapitel wird die Entwicklung des Tourismus seit Beginn des letzten Jahrhunderts und die Struktur des Fremdenverkehrs näher vorgestellt. Der Hauptteil der Arbeit beinhaltet einige ausgewählte spezifische Tourismusformen, wobei auf Grund des begrenzten Umfanges der Arbeit nur auf die wichtigsten eingegangen werden kann. Am Ende eines jeden Kapitels werden diese im Hinblick auf ihre Folgewirkungen auf das Ökosystem, die Wirtschaft und die einheimische Bevölkerung untersucht und kritisch bewertet.

2   Touristisches Potential

2.1   Lage / Räumliche Einordnung

Die Karibik ist ein Teilraum Mittelamerikas und liegt im westlichen, tropischen Bereich des Atlantischen Ozeans. Sie wird unterteilt in das Karibische Meer und die Karibischen, bzw. Westindischen Inseln, wobei diese sich in einem, parallel zur zentralamerikanischen Festlandbrücke nach Osten weit ausholenden, Bogen von der Halbinsel Yucatan bis zur Küste Venezuelas erstrecken. Zu ihnen gehören die Bahamas, die Großen Antillen und die Kleinen Antillen, die nochmals in die ,Inseln über dem Winde' und den ,Inseln unter dem Winde' untergliedert werden (Blume, 1973, S.18ff). Sie umfassen insgesamt eine Fläche von ca. 235.700 km² auf der ca. 35 Millionen Einwohner leben (AG Karibik, 2008). Dieser noch relativ übersichtlichen naturräumlichen Gliederung steht eine diffizile politische Gliederung gegenüber.

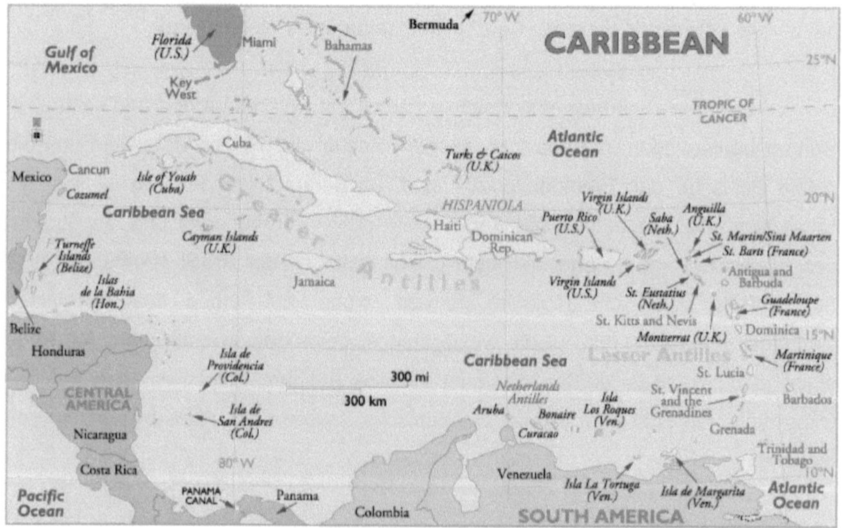

Abb.1: Landkarte Karibik
Quelle: Wunderlich, 2008

„Sie umfasst 28 Staaten und Verwaltungseinheiten, deren Status im Falle staatsrechtlicher Abhängigkeit sehr unterschiedlich ist und historisch gewachsene Kolonien ebenso umfasst wie neuerlich assoziierte Staaten und Überseedepartements." (Gewecke, 2007, S.10)

2.2 Voraussetzung für den Tourismus

Fast dem gesamten karibischen Raum fehlt die natürliche Ausstattung, um eine selbsttragende wirtschaftliche Entwicklung im traditionellen Sinn mit einer soliden landwirtschaftlichen und industriellen Basis zu ermöglichen. Die Insellage, die insulare Zersplitterung des Wirtschaftsraumes, und die gesamträumlich betrachtete Rohstoffarmut und Unfruchtbarkeit sind die wichtigsten Hemnsifaktoren und behindern somit eine Autarkisierung dieser Region. Das ökonomische Potential besteht in der Gunst der geographischen Lage, der Nähe zum nordamerikanischen Festland, ihren physiogeographischen Gegebenheiten und den soziokulturellen Rahmenbedingungen. Diese stellen die entscheidende Voraussetzung für den internationalen Fremdenverkehr dar (Ungefehr, 1988, S.29, 43f).

2.2.1 Kulturraum, Soziokulturelle Voraussetzungen

Die touristische Attraktivität im Bereich des Kulturraumes der Karibik beruht auf ihrer vielseitigen geschichtlichen Entwicklung. Nach der Entdeckung der Westindischen Inseln 1492/93 durch Christoph Kolumbus und der darauf folgenden Landnahme durch die Spanier folgte die kolonialgeschichtliche Epoche, in der sich auch Engländer, Franzosen und Niederländer ansiedelten, den karibischen Raum gemäß den wirtschaftlichen Interessen ihrer Mutterländer erschlossen und von den dortigen Rohstoffvorkommen profitierten (Haas & Scharrer, 1997, S.644). Diese Zeit prägte den Baustil und brachte eine Vielzahl von kulturellen Sehenswürdigkeiten hervor, die heute eine abwechslungsreiche Historie dieser Region reflektieren. Einen ebenfalls entscheidenden Einfluss nahmen auch die indigene Urbevölkerung, die Arawaks und Kariben und die aus Westafrika stammende Bevölkerungsmehrheit, die im Laufe des ca. 300 jährigen Sklavenhandels in den karibischen Raum kamen (Bürskens, 1990,

S.30). Nach der Abschaffung der Sklaverei stieg die Nachfrage nach Arbeitskräften in der Plantagenwirtschaft und so gelangten sogenannte Kontraktarbeiter vornehmlich aus Asien in die Karibik (Cramer, 2002).

Diese unterschiedlichen Bevölkerungsgruppen tragen bis in die Gegenwart zur multiethnischen Gesellschaft bei und prägen mit ihrem kulturellen Erbe neben der Architektur besonders auch die Kunst und das Handwerk, welche einen wichtigen Bestandteil des touristischen Angebots darstellen.

Aber nicht nur die interessante und differenzierte Kulturlandschaft haben positive Effekte auf die touristische Attraktivität. Auch die Bewohner der Karibischen Inseln, mit ihrer meist sehr freundlichen, offenen und gastfreundlichen Art laden dazu ein in die Region zu reisen und die Menschen mit ihrer Kultur kennen zu lernen (Kubisch, 2008).

2.2.2 Naturraum, Physiogeographische Voraussetzungen

Der Tourismus ist von der natürlichen Umwelt im höchsten Maße abhängig. Der karibische Raum weist in dieser Hinsicht eine Vielzahl von positiven, aber auch negativen Rahmenbedingungen auf. Die wichtigsten werden im Folgenden behandelt.

2.2.2.1 Klimatische Verhältnisse

Die Westindischen Inseln liegen in den Tropen und stehen unter einem starken Einfluss der Nordost-Passate, die einen jahreszeitlichen Rhythmus aufweisen. So kommt es in den Sommermonaten (Juni – September) zu einer Regenzeit auf Grund eingelagerter Tröge in der Passatströmung, wohingegen im Winter der Konvektions-niederschlag durch eine kräftige Ausbildung der Passatinversion stark herabgesetzt wird (Blume, 1973, S.33). Die hohe mittlere Jahrestemperatur von überall mehr als 25 °C erklärt sich aus der niedrigen Breitenlage Westindiens. Äquatorwärts steigt diese langsam an, wobei sich jedoch gleichzeitig die Temperaturdifferenz zwischen kältestem und wärmstem Monat verringert (Blume, 1973, S.27). Da die Temperaturschwankungen im gesamten karibischen Raum innerhalb eines Tages größer sind als innerhalb eines Jahres spricht man hier von einem Tageszeitenklima. Eine kleinräumigere klimatische Unterteilung erfolgt auf Grund des unterschiedlichen Humiditätsindexes der einzelnen Inselgruppen, wie in Tabelle 1 zu sehen ist.

Tab. 1: Klimate der einzelnen Inselgruppen

Inselgruppe	Humide Monate	Klimate
Bahamas	4-6	Wechselfeuchte Tropen
Große Antillen	3-12	Tropisches Trockenklima, Wechselfeuchtes Tropenklima, Tropisches, sommerhumides Feuchtklima, Tropisches Regenklima
Inseln über dem Winde	4-9	Wechselfeuchtes Tropenklima, Tropisches sommerhumides Feuchtklima
Inseln unter dem Winde	3	Tropisches Trockenklima

Quelle: eigene Tabelle nach Blume 1973, S.35

Auf Grund der im Jahreszeitenverlauf gleichbleibenden angenehmen Temperaturen, der sommerlichen Regenzeit und der Risiken von Hurrikans in den darauffolgenden Herbstmonaten liegt in der Karibik die Hauptreisezeit zwischen Dezember und April.

2.2.2.2   Landschaftliche Attraktivität

Die Westindischen Inseln besitzen ein äußert verschiedenartig ausgeprägtes und abwechslungsreiches Relief, dass sowohl ausgesprochenen Gebirgscharakter (Hispaniola, Jamaika, Puerto Rico, Saba, Grenada, ‚Inseln unter dem Winde') als auch ausgedehnte Tiefebenen (Kuba, Anguilla bis Barbados) beinhaltet. Des Weiteren kann die Karibik eine enorm hohe Biodiversität vorweisen, wobei das natürliche Pflanzenkleid durch den Eingriff des Menschen auf Grund der Plantagen-wirtschaft, dem großen Holzbedarf und der bäuerlichen Landwechselwirtschaft stark verändert wurde. Jedoch gibt es inzwischen auf vielen Inseln Nationalparks und

Schutzgebiete im Landesinneren, die weitgehend von natürlichem Regenwald bedeckt sind (Bischoff, 2000, S.73f, Blume, 1973, S.21ff). Die Landfauna ist im Gegensatz zur karibischen Vogelwelt vergleichsweise arm. An Säugetieren findet man nur wenig Arten an Insektenfressern, Nage- und Flattertieren. Der große Artenreichtum in der Vogelwelt setzt sich aus zahlreichen endemischen Arten und Zugvögeln zusammen. Diese Mannigfaltigkeit wird jedoch durch die Meeresfauna übertroffen, wobei besonders die Litoralfauna erwähnenswert ist. Riffbildende Korallen und zahlreiche tropische Tier- und Unterwasserpflanzenarten prägen die Küstenregionen der Westindischen Inseln (Blume, 1973, S.73ff). Diese verschiedenartige, reizvolle Landschaft und im Besonderen die farbenprächtige Unterwasserwelt locken jährlich Tausende von Besuchern an.

2.2.2.3   Naturkatastrophen

Neben diesen zahlreichen natürlichen Ressourcen, die das touristische Potential begünstigen verfügt die Karibik jedoch auch über einige Ungunstfaktoren in Form von Naturrisiken, wie Wirbelstürme, seismische Aktivitäten und Vulkanismus, die eine Gefahr für den Tourismus darstellen.

Besonders die auf die Regenzeit folgende Hurrikansaison, die von Anfang Juni bis Ende November andauert, brachte immer wieder die Gefährdung von Menschenleben und erhebliche wirtschaftliche Einbußen mit sich, wobei nicht nur der Sturm an sich, sondern die auch damit verbundenen Starkniederschläge und Überschwemmungen Schäden an Häusern, Infrastruktur und im Naturraum hervorrufen. Trinidad und die ‚Inseln unter dem Winde‘ sind von Hurrikanen auf Grund ihrer Lage jedoch weniger betroffen (Bischoff, 2000, S.76f).

Von Erdbeben gefährdete Gebiete liegen im gesamten Antillenbogen, wobei im Bereich der Grabenbrüche der Großen Antillen die Erdbeben ihre höchsten Stärkegrade erreichen. Im Laufe der Jahrhunderte sind bereits viele Städte in dieser Region durch seismische Aktivitäten zerstört worden (Blume, 1973, S.23).

Der rezente Vulkanismus beschränkt sich auf den inneren Bogen der ‚Inseln über dem Winde‘, wobei in den letzten Jahrzehnten nur noch die Vulkane auf den Inseln Martinique, Guadeloupe und St. Vincent Aktivität zeigten. Insgesamt gesehen ist die vulkanische Tätigkeit in den letzten Jahrtausenden, bzw. Jahrhunderten deutlich weniger geworden, stellt aber zweifelsohne noch immer eine gewisse Gefährdung für die Menschen und die Wirtschaft dar (ebd.).

3 Entwicklung und Struktur des Tourismus in der Karibik

Anfang des 20. Jahrhunderts beginnt die Entwicklungsgeschichte des Tourismus in der Karibik, als wohlhabende Amerikaner und Europäer die Wintermonate in den Kurorten der europäischen Großmachtkolonien verbrachten. Das übliche Transportmittel in dieser frühen Phase war das Dampfschiff mit dem bereits die ersten Kreuzfahrten in der karibischen Inselwelt durchgeführt wurden. Besonders die Großen Antillen waren dabei beliebte Reiseziele, wobei die vielen kleinen Häfen entlang der Inselkette auch damals schon günstige Voraussetzungen für den Kreuzfahrttourismus boten (Bischoff, 2000, S.37, 59; Haas & Scharrer, 1997, S.645).

Trotz der beiden Weltkriege und den damit verbundenen allgemeinen sozialen und wirtschaftlichen Folgen und der Tatsache, dass viele Passagierschiffe zu Truppentransporten umfunktioniert wurden, stiegen während dieser Zeit, und später umso mehr, die Zahlen der jährlich in die Karibik reisenden Kreuzfahrtpassagiere. Ein weiteres Indiz für die aufstrebende Tourismusbranche war im Jahr 1951 die Gründung der Caribbean Tourism Association (CTA), der ersten Tourismusvereinigung im karibischen Raum. Dies zeigt, dass der Tourismus als bedeutende Komponente der karibischen Wirtschaftsentwicklung schon früh erkannt wurde (Bischoff, 2000, S.38, 60; Haas & Scharrer, 1997, S.645).

In den 50er Jahren konzentrierte sich nicht zuletzt auch auf Grund der engen wirtschaftlichen Bindung an die USA das Fremdenverkehrsaufkommen auf Kuba. Dieser Inselstaat konnte knapp ein Viertel des gesamten Fremdenverkehrsaufkommens verzeichnen. Durch die von Fidel Castro hervorgerufene Revolution im Jahre 1959 und dem darauf folgenden US-Handelsembargo nahm die Entwicklung ein schlagartiges Ende. Die „marktbestimmenden US-Amerikaner und Kanadier" (Bischoff, 2000, S.60) orientierten sich nach dem Entfall Kubas als Reiseziel zunehmend auf die Bahamas, Puerto Rico, Jamaika und die Virgin Islands (ebd.).

Mit der ersten Atlantiküberquerung eines kommerziell eingesetzten Düsenflugzeuges im Jahre 1958 nahm die rasante Entwicklung der zivilen Luftfahrt ihren Lauf. Dies hatte zum einen zur Folge, dass nun mehr Europäer den Atlantik mit dem Flugzeug als mit dem Schiff überquerten und viele Reedereien den Liniendienst über den Atlantik aufgeben mussten. Zum anderen kam es auf Grund der räumlichen Nähe und regelmäßigen Flugverbindungen aus den USA zu einem enormen Anstieg der amerikanischen Touristenzahlen. Auf Grund der Expansion des Fremdenverkehrsmarktes in der Karibik und der zunehmenden wirtschaftlichen Bedeutung des Tourismus investierten immer mehr ausländische Konzerne in den Bau von Hotelanlagen. Somit erfuhr das Fremdenverkehrspotential eine stetig anwachsende Inwertsetzung. (Bischoff, 2000, S.60; Haas & Scharrer, 1997, S.645; Ungefehr, 1988, S.45).

In den 60er Jahren kam es dann erstmals im Kreuzfahrtbereich zur Zusammenarbeit zwischen den Reedereien und den ehemals konkurrierenden Fluglinien und es wurden sogenannte Fly & Cruise Konzepte entwickelt (Bischoff, 2000 S.39). Ebenfalls kam es zu Kooperationen zwischen ausländischen Konzernen mit großen Reiseveranstaltern, so dass sich immer mehr der Pauschalreisetourismus entwickeln konnte. Der für die 70er Jahre so typische Individualtourismus wurde somit nicht zuletzt wegen der günstigeren Pauschalangebote immer mehr verdrängt (Bischoff, 2000, S.60; Haas & Scharrer, 1997, S.645).

Im Jahre 1974 wurde die CTA um das Caribbean Tourism Research and Development Centre (CTRDC) ergänzt. Das CTRDC setzte sich zur Aufgabe die Räume und touristischen Strukturen zu untersuchen und weiterzuentwickeln. 1989 schlossen sich dann die beiden regionalen Tourismusvereinigungen zur Caribbean Tourism Organizaton (CTO) zusammen (Duval, 2004, S.130).

Der US-amerikanisch dominierte Fremdenverkehr breitete sich mit der Zeit von den oben erwähnten nördlichen Inseln immer mehr auch auf die südlicher gelegenen

Destinationen aus. Auf Grund sprachlicher Probleme wurden jedoch die Inseln Guadeloupe, Martinique und die niederländischen Antillen erst später touristisch erschlossen (Bischoff, 2000, S.60).

In Übereinstimmung mit der weltweiten wirtschaftlichen Rezession und der Energiekrise zu Beginn der frühen 80er Jahre kam es zu einem deutlichen Besucherrückgang. Allerdings stieg auch in dieser Zeit die Bedeutung der Einkünfte aus dem Tourismus wegen dem Zusammenbruch der Weltmarktpreise für Bauxit und Zucker, die bisher die wichtigste wirtschaftliche Einnahmequelle darstellten (Ratter, 1994, S.12). Als dann in den Folgejahren der Dollarkurs wieder sank und neben den wieder anwachsenden Besucherzahlen aus den USA auch die Nachfrage aus Europa stieg, konnten wieder erhebliche Zuwachsraten verzeichnet werden. Deutlich wird dies in Abb. 2. Hier ist der weltweite Anstieg der Touristenzahlen ab den 70er Jahren abgebildet. Auffallend ist die starke prozentuale Zunahme der Touristenankünfte in der Karibik im Vergleich zum Rest der Welt zur Mitte der 80er Jahre. Allein zwischen den Jahren 1985 und 1997 verdoppelten sich in dieser Region die Touristenankünfte. Diese überschritten im Jahr 1988 zum ersten Mal die 10-Millionen-Marke (Bischoff, 2000, S.60).

Die Gründe für diese positive Entwicklung sieht *Bürgi* (1994, S.43) in der guten wirtschaftlichen Situation der bedeutenden Quellgebieten Nordamerikas, einem verbesserten Marketing, der erfolgreichen Promotion der Reiseveranstalter sowie den meist stabilen politischen Verhältnissen im karibischen Raum.

Der signifikante Einknick im Bereich der Jahre 2001/2002 lässt sich mit der gebremsten Reiselust der Touristen auf Grund der Ereignisse des 11. September 2001 erklären. Besonders der amerikanische Raum hatte in dieser Zeit mit großen Einbußen in der Tourismusbranche zu kämpfen.

Im Laufe der Jahre hat sich auch die Nachfragestruktur verändert. Bei der Betrachtung von Abb. 3 wird deutlich, dass auch weiterhin der Großteil des Fremdenverkehrsaufkommens aus den USA stammt, und damit den wichtigsten Quellmarkt darstellt. Zwischen den Jahren 1993 und 1997 ist der Anteil der US-Amerikaner jedoch kontinuierlich zurückgegangen, wohingegen bei den Europäern im gleichen Zeitraum deutliche Zuwächse bei den Gästeankünften verzeichnet werden konnten.

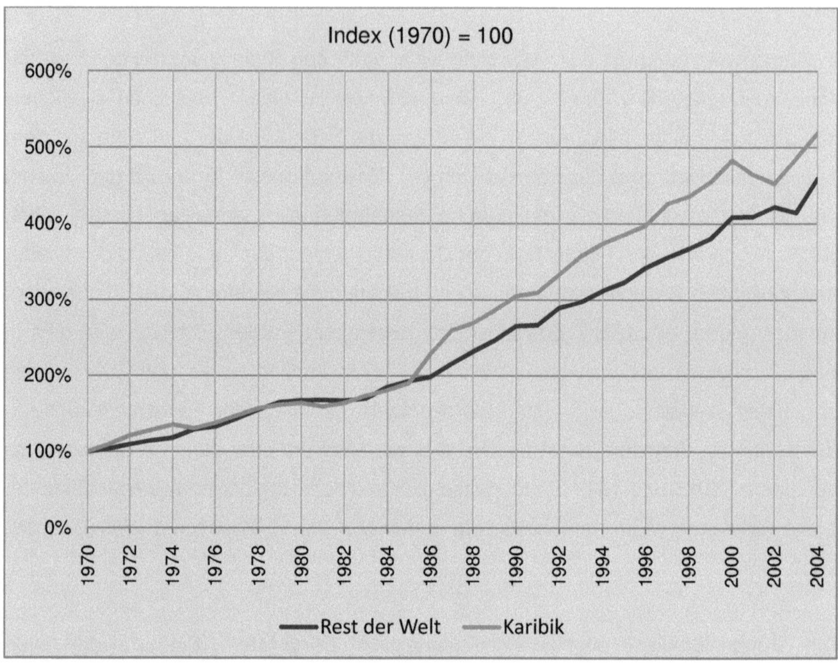

Abb. 2: Touristenankünfte in der Karibik und im Rest der Welt
Quelle: eigene Darstellung nach Daten der CTO

Hauptzielgebiete der US-Amerikaner, die zum größten Teil aus den bevölkerungsreichen Staaten Florida und New York stammen, sind Puerto Rico, die Virgin Islands, Bahamas, Jamaika und die Dominikanische Republik. Bei den Europäern, die bedingt durch die historische Bindung an die Region hauptsächlich aus Großbritannien und Frankreich kommen, sind die maßgeblichen Zieldestinationen Martinique, Kuba, die dominikanische Republik und Jamaika. Die durchschnittliche Aufenthaltsdauer ist zudem bei den Europäern auf Grund der größeren Entfernung zum Heimatort wesentlich höher und die bevorzugten Reisezeiten verteilen sich im Gegensatz zu den amerikanischen Besuchern eher auf die Sommermonate, so dass dies zu einer Saisonentzerrung beiträgt (Haas & Scharrer, 1997, S. 645). Auf Abb. 4 sieht man die räumlichen Schwerpunkte der Übernachtungen internationaler Besucher auf den Westindischen Inseln.

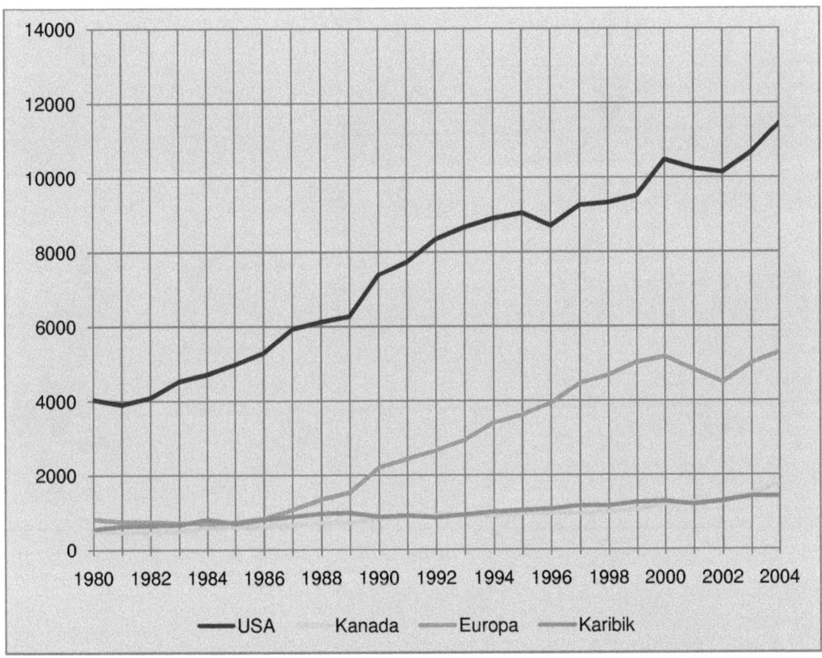

Abb. 3: Touristenankünfte in der Karibik nach Quellmarkt (in Tausend)
Quelle: eigene Darstellung nach Daten der CTO

Die anhaltenden Wachstumsraten und der aufstrebende Massentourismus in den 80er Jahren und den damit verbundenden Begleiterscheinungen wie „gesellschaftliche Veränderungen, wachsendes Umweltbewusstsein, gestiegene Qualitäts- und Erlebnisansprüche sowie der Wunsch nach Animation und Clubatmosphäre" (Bischoff, 2000, S.61) prägten und veränderten die Struktur und Zahl der Unterkunftsbetriebe in der Karibik. Seit Beginn dieses Jahrzehntes stiegen nicht nur enorm die Zahl der Gästezimmer von 84.000 (1980) auf 197.000 (1997), ebenfalls ging der Trend immer mehr zu einem weit differenzierteren Angebot, wobei die Bandbreite vom einfachen Guesthouse bis zu luxuriösen Hotels reicht (ebd.).

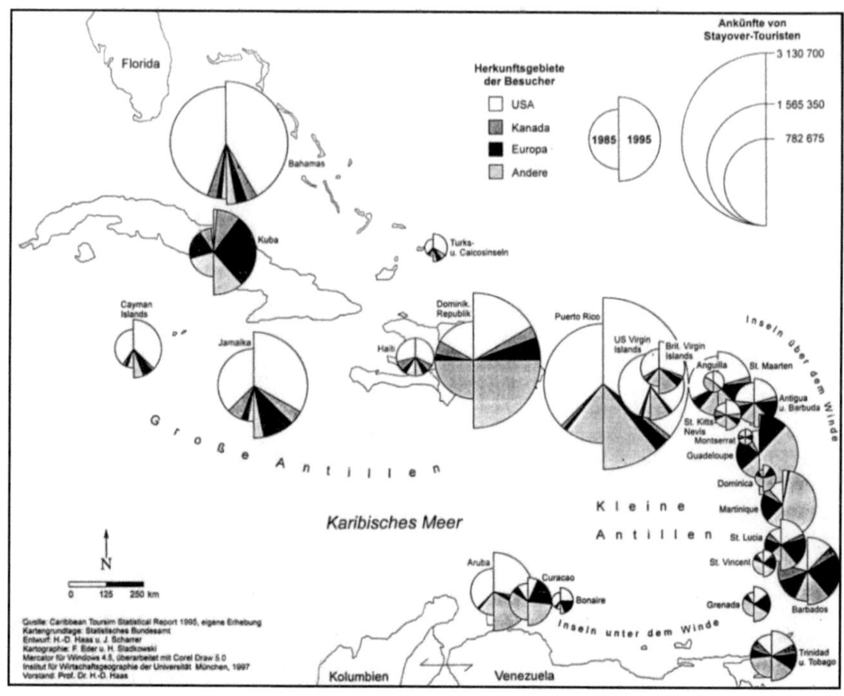

Abb. 4: Entwicklung des Tourismus auf den Karibischen Inseln
Quelle: Haas & Scharrer, 1997, S.647

4 Ausgewählte spezifische Formen des Tourismus in der Karibik

Die im Folgenden behandelten spezifischen Tourismusformen gehören zu den typischsten und am weitesten verbreiteten in der Karibik. Dabei gilt zu beachten, dass jede Form von Fremdenverkehr in einem gewissen Umfang die natürliche Umwelt und den Kulturraum belastet, wobei das Ausmaß der Raumbelastung abhängig von der jeweiligen Tourismusart ist. Viele der Auswirkungen sind jedoch auch tourismusformen-übergreifend, weshalb sie dann nicht im speziellen ausführlich wiederholt werden.

4.1 Hoteltourismus

Nach den Anfängen des Fremdenverkehrs entwickelte sich in den 50er Jahren im Besonderen der Hoteltourismus. Ziel der Touristen war es an den weißen Stränden mit türkisblauem Meer zu entspannen, zu baden und braun zu werden. Zunächst waren klassische, edle Hotels die bevorzugten Reiseziele für einen luxuriösen Vergnügungsurlaub bevor es dann in Wechselwirkung mit dem rasanten Anstieg der Besucherzahlen zu einer Umstrukturierung kam und die Entwicklung immer mehr zu größeren Bettenburgen und günstigen Pauschalangeboten hinging.

Die Karibik zählt von Anfang an zu den Hauptzielgebieten des All inclusive Tourismus (Suchanek, 2000). Besonders seit Mitte der 80er Jahre wurden auch deswegen zunehmend große Resorts mit All-inclusive Angeboten an attraktiven Stränden, fern ab und auch regelrecht isoliert von den Einheimischen gebaut. Oft wurden dabei ganze Strandläufe zugebaut und somit den Einwohnern der Weg zum Meer im eigenen Land schwer oder gar unmöglich gemacht (Bischoff, 2000, S.63, Ratter, 1994, S.14). Die bevorzugten Standorte dieser zumeist geschlossenen Anlagen liegen in der Peripherie, „da sie durch ihre Unternehmensphilosophie nicht auf die Versorgungsstruktur der Inseln und eine zentrale Lage angewiesen sind" (Haas & Scharrer, 1997, S.648).

Der Resorttourismus, bei dem versucht wird abgeschirmt von der Außenwelt eine Art heile Welt zu schaffen, „wurde zum Sinnbild für den US-amerikanischen Karibikreisenden". (Ratter, 1994, S.14) Die Hoteltypen zeichnen sich durch eine hohe Auslastungsquote aus und sind auf die verschiedensten Urlaubsbedürfnisse ihrer Besucher eingerichtet. Zu diesem viel beworbenen Erlebnisurlaub zählen eine große Anzahl an Leistungen, wie beispielsweise extra angelegte Landschaftsgärten, Shops, Restaurants, Bühnen, Pools, Nachtclubs, Casinos, Sport- und Wassersportangebote und immer mehr auch Golfanlagen. Oft scharen sich an den Küstenlinien diese Anlagen zu großen Resortkomplexen zusammen, die zwar einen gemeinsamen und überwachten Eingang haben, aber jedes Hotel zusätzlich noch separat kontrolliert wird und eine in sich geschossene Einheit bildet (Duval, 2004, S.242, 246).

Besonders hoch sind die Gästeübernachtungen, wie in Abb. 5 zu sehen, in Hotels auf den Bahamas und den Hauptinseln der Großen Antillen (Kuba, Jamaika, Puerto Rico, dominikanische Republik). Dies lässt sich zum einen auf die Tatsache zurückführen, dass diese Inseln über die größte Fläche und die längsten Küstenlinien verfügen und auf der anderen Seite, diese auf Grund ihrer nahen Lage zur USA schon früh touristisch erschlossen wurden. Auffällig ist, dass besonders in der dominikanische Republik und auf den Bahamas nahezu alle Touristenunterkünfte in Hotels angeboten werden. Zudem besitzt die dominikanische Republik auch die meisten Hotels mit den sehr beliebten All-inclusive Angeboten. Auf Jamaika hingegen wird ein weitaus differenzierteres Angebot bei den Übernachtungsmöglichkeiten präsentiert.

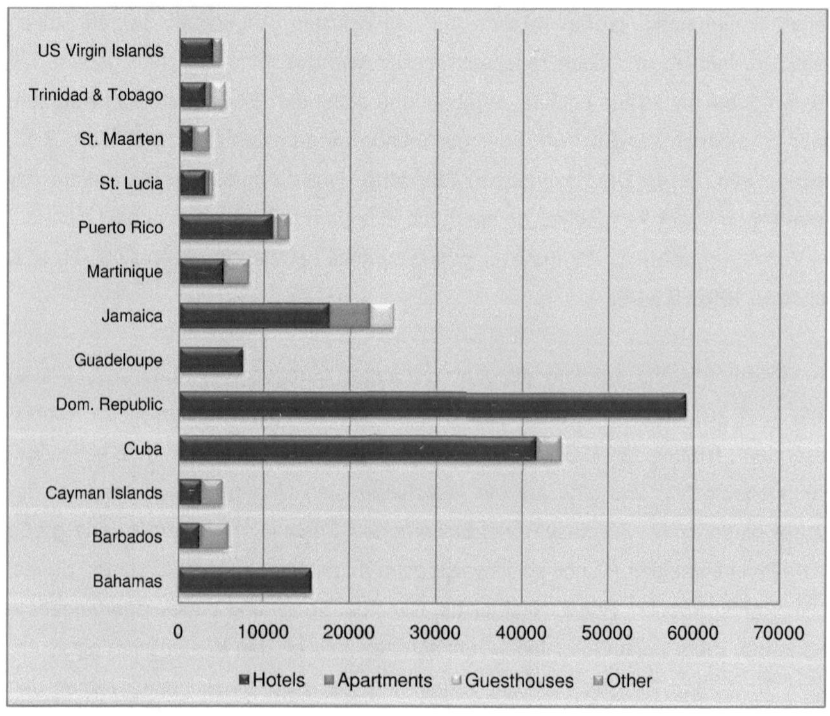

Abb. 5: Gesamtanzahl der Zimmer der Touristenunterkünfte nach Betrieben in ausgewählten karibischen Destinationen im Jahre 2004
Quelle: eigene Darstellung nach Daten der CTO

Sowohl Eigentümer als auch Manager dieser Betriebe sind nahezu ausschließlich vermögende Ausländer aus den USA oder Europa, wohingegen die dort lebenden Insulaner niedere Angestelltenjobs als Gärtner, Zimmermädchen, Koch, Barmixer, Putzfrau, Bedienung und im Wachdienst besetzen oder aber im Sekundärbereich, beispielsweise als Taxifahrer tätig sind (Bischoff, 2000, S.63; Greiner, 1998; Ratter, 1994, S.14). Trotz einem relativ geringen Beschäftigungsentgelt sind Jobs in All-inclusive Hotels recht begehrt, da es mehr Aufstiegsmöglichkeiten als in der Textilindustrie oder in der Landwirtschaft gibt und mit dem erzielten Einkommen eine durchschnittliche Familie ihre Grundbedürfnisse decken kann. Dies ist in der Karibik keine Selbstverständlichkeit (Kubisch 2008).

4.1.1 Auswirkungen des Hoteltourismus

Die nun im Folgenden behandelten Negativaspekte des größten Tourismussektors stehen selbstverständlich auch in Verbindung mit diversen anderen Tourismusformen, weshalb sie nun in einer angemessenen Ausführlichkeit Berücksichtigung finden.

4.1.1.1 Sozio-kulturelle Auswirkungen

Neben vergleichsweise schleichenden Prozessen wie die durch die Beeinflussung fremder Kulturkreise verursachte Überformung, die Verfremdung der indigenen Bewohner und dem Wandel bzw. Verlust von traditionellen Sitten und Gebräuchen gibt es auch wesentlich offensichtlichere soziokulturelle Auswirkungen (Haas & Scharrer, 1997, S.650; Ratter, 1994, S.14).

Die zuvor beschriebenen abgeschlossen und abgeschirmten Urlaubsghettos haben weitreichende Negativeffekte auf die ansässige Bevölkerung. Dabei wächst die Ungleichheit zwischen Einheimischen auf der einen Seite und ausländischen Hotelbetreibern und Touristen auf der anderen Seite, so dass eine regelrechte Zwei-Klassen-Gesellschaft entstanden ist. Auf Grund des Ausverkaufs des Baulandes an den Küsten werden die ursprünglichen Inselbewohner im eigenen Land immer mehr ins Inselinnere verdrängt. Auch werden nur die Hotels ausreichend mit Wasser und Strom und einer angemessenen Infrastruktur versorgt. Die wenigen Urlaubs-aktivitäten, die außerhalb der Hotelanalagen stattfinden stehen meist auch immer unter Kontrolle des Reiseveranstalters, so dass auch Taxifahrer, Restaurantbetreiber und die sogenannten fliegenden Händler weitgehend von den Gewinnen aus dem Tourismus ausgeschlossen werden. Im Gegensatz zu anderen Unterbringungsmöglichkeiten erzielen All inclusive Hotels die größeren Gewinne, aber ihre Einflussnahme auf das Wirtschaftssystem ist je Geldeinheit Gewinn geringer. Auch bei der Versorgung der Gäste wird die hiesige Landwirtschaft nicht eingebunden. Zum einen können sie den großen Bedarf nicht decken, zum anderen wünschen die internationalen Besucher auch eine große Auswahl an internationalen Speisen, die dann aus den Industriestaaten importiert werden (Greiner, 1998; Ratter, 1994, S.14; Suchanek, 2001, S.34). „Die lokale Bevölkerung wird oft nur noch als gelegentliche Kulisse und als Lieferant für preiswerte Prostituierte benötigt," (Suchanek, 2001, S.33) was wiederum zur Folge hat, dass es ein zunehmend kritisches Verhalten der Bevölkerung gegenüber den Touristen zu beobachten ist (Haas & Scharrer, 1997, S.650)

Die eben angesprochene Prostitution ist ein weiterer problematischer Bereich, der in Verbindung mit dem Massentourismus im Allgemeinen und mit dem Hoteltourismus im Speziellen gesehen werden muss. „Die Interessen der Tourismusbranche konzentrieren sich auf entsprechend attraktive Märkte, und die sind mit den Bedürfnissen, d.h. den Wünschen, Sehnsüchten und Erwartungen der touristischen KonsumentInnen deckungsgleich." (Rieger, 1994, S.179) Neben den berühmten Drei-S Sonne, Strand und See gehört als viertes S auch der Sex dazu; und die Karibik gilt besonders seit den 90er Jahren neben Südostasien als ein Hauptziel für Sextouristen (Rentschler, 2007; Suchanek, 2000).

Die niedrigen Einkommen, die Einschränkungen der Sozialleistungen, die damit ver-bundene Inflation und die gesamte schwierige wirtschaftliche Lage, die Arbeits-losigkeit zur Folge haben, führen bei weiten Teilen der Bevölkerung zur Verarmung. Besonders betroffen sind dabei die Frauen, da sie oft noch schlechteren öko-nomischen Bedingungen ausgeliefert sind als Männer. Gleichzeitig gibt es den Wunsch einen gewissen Lebensstil, der auch durch die vermögenden ausländischen

Gäste vorgelebt wird, nachzuahmen und sich besondere Konsumgüter wie Mode und Elektronik leisten zu können. Diese Perspektivlosigkeit und die Suche nach Erwerbs- möglichkeit führen viele Frauen in die Städte und in die Urlaubszentren, wo sie sich prostituieren. Teilweise sitzen sie sogar in Eingangshallen der großen Hotels in Santo Domingo und auch die Straßenprostitution nimmt immer größere Ausmaße an (Rieger, 1994, S.177ff; Suchanek, 2000).

Die Entwicklung der letzten Jahre und Jahrzehnte lässt immer mehr erkennen, dass der karibische Raum „zu einem der wichtigsten Zentren für Prostitutionstourismus und auch Frauenhandel wird" (Rieger, 1994, S. 179). Des Weiteren lässt sich eine steigende Anzahl von Kinderprostitution feststellen. Ein mit dem Sextourismus ver- bundener schlimmer Nebeneffekt ist zudem die Anzahl der HIV-Infektionen, die von Jahr zu Jahr drastisch steigen (Rentschler, 2007).

4.1.1.2   Ökologische Auswirkungen

Der Fernreiseverkehr im Allgemeinen steht im Zusammenhang mit hohem CO^2 Ausstoß, dem Verbrauch von energieintensiven Rohstoffen und anderen negativen Auswirkungen, die unter anderem mitverantwortlich für den künstlich erhöhten Treibhauseffekt sind. Dieser führt wiederum zum Meeresspiegelanstieg, Über- schwemmungen, Versalzung von Trinkwasser, Verlust von Stränden durch Erosion, Beschädigung der Infrastruktur, die auf Grund von Extremwetterereignissen wie Stürmen hervorgerufen werden und einem erhöhtem Umweltstress auf die Küsten- ökosysteme. Dies bedroht rückwirkend die Überlebensfähigkeit und Nachhaltigkeit der Tourismusbranche (Suchanek, 2001, S.32f).

Kleinräumiger betrachtet hat die Karibik noch zusätzlich weitere gravierende öko- logische Probleme, mit dem nahezu jede Massentourismusdestination zu kämpfen hat. Durch die radikale Errichtung von Hotelbauten wird nicht nur die öffentliche Zu- gänglichkeit eingeschränkt. Vor allem kommt es zu einer veränderten Materialbilanz der Strände, zur Zerstörung der natürlichen Vegetation und der Korallenriffe durch Sandabbau und zu Flächenversiegelung. Damit wird Lebensraum zerstört und das ökologische Gleichgewicht in Gefahr gebracht. Ein weiterer wesentlicher Punkt hierbei ist auch die Übernutzung durch zahlreiche Touristen, die wegen ihrer hohen Anzahl Fauna und Flora im Küstenbereich belasten. Der hohe Wasserverbrauch der touristischen Betriebe führt zur Senkung des Grundwasserspiegels, was u.a. zu Nutzungskonkurrenzen mit der Landwirtschaft führt (Haas & Scharrer, 1997, S.650; Maar, 1990, S.87; Ratter, 1994, S.15f; Tellez, 2000). Des Weiteren wird das gesamte Ökosystem durch die großen Mengen an Müll, Abwasser- und Fäkalien und deren unsachgemäßen Entsorgung gefährdet. Folgen sind beispielsweise die Verschlechterung der Wasserqualität, die Eutrophierung, Sauerstoffzehrung und das Absterben von Riffkolonien (Bürskens, 1990, S.32; Ratter, 1994, S.16).

4.2   Sporttourismus

Als zwei exemplarische Fälle der vielen Sonderformen des Sporttourismus, bzw. des Aktivurlaubes im karibischen Raum werden im Folgenden der Golftourismus und der Tauchtourismus näher behandelt.

4.2.1   Golftourismus

Bereits zum Ende der 20er Jahre des letzten Jahrhunderts wurden in der Karibik die ersten Golfplätze auf Trinidad (1927) und in Nassau auf den Bahamas (1929) angelegt. Seitdem entwickelten sich die Westindischen Inseln zu einer Top-Destination für Golfer, nicht zuletzt auch wegen dem angenehmen Klima und einer fehlenden Winterpause. Allein die Inseln Jamaika, Puerto Rico und die dominikanische Republik verfügen zusammen über mehr als 60 Plätze, wobei letztgenannte inzwischen ganze 30 Kurse unterhält. Aber auch auf den kleineren Inseln wie Anguilla, Antigua, St. Lucia, Curacao und Barbados lassen sich abwechslungsreiche Golfterrains finden. Die meisten dieser Anlagen, die sich in traumhafter Umgebung befinden und eine wundervolle Aussicht bieten, gehören zu oben beschriebenen Resorts mit All inclusive Angeboten. Eine Ausnahme stellt derzeit noch Barbados dar, wo die meisten Plätze privat sind und gesondert gebucht werden müssen. Viele der Greens, die inzwischen sogar oft mit GPS-Satelliten-Navigationssystemen ausgestattet sind, gehören mit ihren anspruchsvollen und spektakulären Kursen zum

Weltrang und werden gerne auch von Prominenten und für angesehene internationale Golfturniere benutzt (AG Karibik, 2003; AG Karibik, 2007a, Inex, 2008).

4.2.1.1 Auswirkungen

Der Vormarsch dieser gediegenen und eleganten Sportart birgt auch seine Schattenseiten und nimmt auf den Westindischen Inseln beunruhigende Ausmaße an. Auf Grund seines enormen Platzbedarfes gilt der Golftourismus als der „größte Raumfresser aller Tourismusarten" (Ratter, 1994, S.19). Dies ist in der Karibik besonders schwerwiegend, da es wegen der Kleinräumigkeit ohnehin schon zu Flächennutzungskonkurrenzen zwischen touristischen Betrieben und im Besonderen Maße den einheimischen Landwirten kommt. Jedoch leiden nicht nur die verdrängten Kleinbauern, auch werden ursprüngliche Wälder und die natürliche Vegetation abgeholzt, um diese Grasmonokulturen anzulegen. Dabei werden Folgeschäden, wie beispielsweise Erosion und Hangrutschungen, in Kauf genommen. Auch die weitere Inwertsetzung und Unterhaltung eines Golfplatzes führt zu gravierenden ökologischen Problemen. Zum einen wird durch die erforderliche künstliche Bewässerung des Grüns eine enorme Menge des knappen Süßwasservorkommens und damit auch des Trinkwassers der lokalen Bevölkerung verbraucht. Zum anderen führen die verwendete Agrochemie, wie Pestizide, Fungizide und Dünger zur Verseuchung des Grundwassers und zur Zerstörung nahegelegener Korallensysteme (Bürskens, 1990, S.31; Ratter, 1994, S.19; Suchanek, 2001, S.35).

4.2.2 Tauchtourismus

Vordergründig positive Aspekte hat zunächst auch der Tauchtourismus. Die Karibischen Inseln bieten mit ihrer traumhaften Unterwasserwelt mit bester Sichtweite in klarem, warmem Wasser, den abwechslungsreichen Korallenriffen und den tropischen Fischen ein wahrhaftes Paradies für Taucher aus aller Welt. Nahezu auf allen Inseln werden Tauchkurse und –ausflüge angeboten, auch immer wieder in Verbindung mit All inclusive Angeboten von Resorts. Neben vielen Geheimtipps, die die Karibik zu bieten hat, gelten die ABC-Inseln, die Bahamas und Kuba als besonders bekannte Tauchtourismus Hot Spots. Das Angebot geht von Schnorcheln und Einsteigerkursen über Wracktauchen bis hin zu professionell geführten Tauchgängen mit Meeresbiologen. Mit letztgenannten und speziell angelegten Unterwasserlehrpfaden soll das Verständnis für die außergewöhnliche Pracht und die Verwundbarkeit dieser einzigartigen Ökosysteme geweckt werden (AG Karibik, 2007b; Inex, 2008).

4.2.2.1 Auswirkungen

Diese dabei propagierte ökologische Verträglichkeit muss bei näherer Betrachtungsweise jedoch korrigiert werden. Die immer weiter steigende Anzahl von Schnorchlern und Tauchern trägt ob durch unabsichtliche Beschädigung mit den Schwimmflossen oder gar mutwilliges Abbrechen von Korallen zur Zerstörung der Korallenriffe bei. Dies ist besonders dramatisch, weil Korallensysteme ca. 100 Jahre zur Regeneration benötigen. Neben den ökologischen Folgen müssen auch die sozialen und wirtschaftlichen Auswirkungen Berücksichtigung finden. Die für den Tauchtourismus benötigte spezielle Infrastruktur, wie z.B. Druckausgleichskabinen, Reparaturwerften mit Sauerstoffgeräten und Tauchschulen und –geschäften sind meist in ausländischer Hand. Dementsprechend gibt es quasi keinerlei Verbindungen mit dem lokalen Wirtschaftsleben, womit die Einheimischen auch in dieser Spezialform nicht von den Geldern der Touristen profitieren können (Ratter, 1994, S.19ff).

4.3 Kreuzfahrttourismus

Der Kreuzfahrttourismus gilt gegenwärtig als der am schnellsten wachsende Tourismussektor. Davon besonders betroffen ist der karibische Raum, denn hier spielt sich die Hälfte des internationalen Kreuzfahrtgeschäftes ab. Damit gelten die Westindischen Inseln als das mit Abstand wichtigste Kreuzfahrtrevier weltweit (Haas & Scharrer, 1997, S.646; Suchanek, 2000, S.26).

Auf Grund der begünstigenden kulturellen und naturräumlichen Rahmenbedingungen und der Nähe zu Nordamerika konnte dort die schwimmende Tourismusbranche eine rasante Entwicklung vollziehen. Schon seit Jahrzehnten erfahren Seereisen in die Karibik bei US Amerikanern eine ähnliche Wertschätzung wie Mittelmeerkreuzfahrten bei Europäern (Ungefehr, 1988, S.139). Besonders seit Mitte der 80er Jahre lässt sich ein signifikantes Wachstum der Kreuzfahrtpassagiere in der Karibik erkennen.

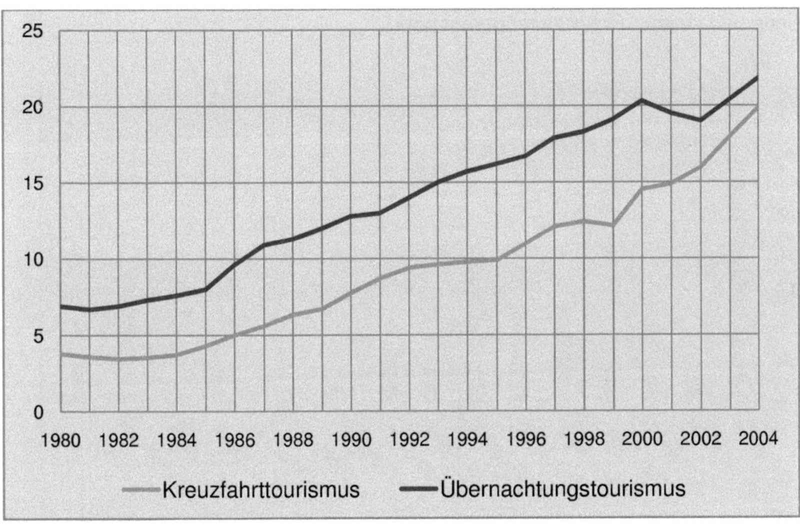

Abb.6: Entwicklung der Personenankünfte in der Karibik 1980 – 2004 (in Millionen)
Quelle: eigene Darstellung nach Daten der CTO

Inzwischen kann diese Branche dort den zweitgrößten Anteil am Besucheraufkommen verzeichnen, wobei besonders zu Beginn dieses Jahrhunderts die Zahlen im Vergleich zum Übernachtungsübernachtungstourismus noch stärker gestiegen sind (vgl. Abb. 6). Auf einigen Inseln (z.B. Dominica, Grenanda, US Virgin Islands) übertreffen die Passagierankünfte von Kreuzfahrten sogar die Touristenankünfte. Die bedeutendsten Ziele der Kreuzfahrtschiffe, die zumeist von Florida aus starten, sind wie in Abb. 7 zu sehen die Bahamas, die US Virgin Islands und die Cayman Islands. Diese Dominanz der vergleichsweise nördlich gelegenen Destinationen lässt sich mit der zunehmenden Beliebtheit der sogenannten ‚short-distance-cruises' erklären (Haas & Scharrer, 1997, S.646).

Generell zeichnet sich ein Trend zu kürzeren Kreuzfahrten ab. Jedoch werden diese mit immer größer werdenden Luxuslinern, die „größtenteils eine bessere Infrastruktur als so manche westliche Kleinstadt" (Suchanek, 2000, S.26) bieten, durchgeführt. Diese bieten eine große Vielfalt an Unterhaltungsangeboten, wie beispielsweise Spielcasinos, Shows, Einkaufspassagen, Fitness- und Kosmetikstudios, Wellness-Bereiche und weitere Entertainmentangebote.

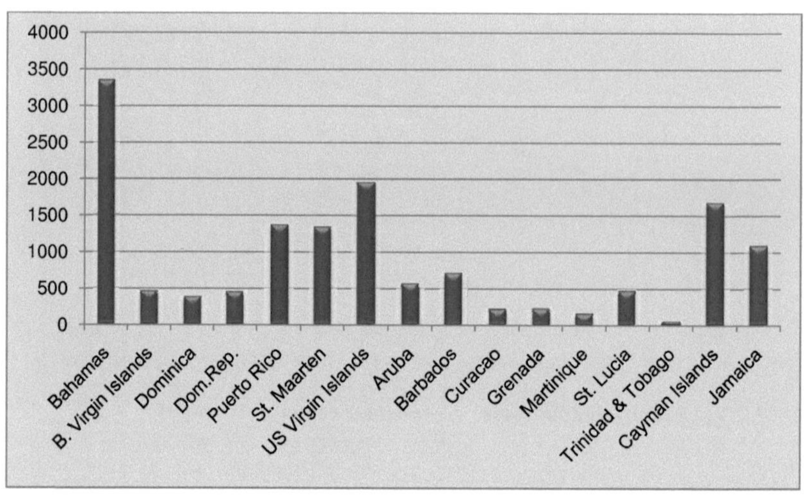

Abb.7: Passagierankünfte in ausgewählten karibischen Destinationen im Jahre 2004 (in Tausend)
Quelle: eigene Darstellung nach Daten der CTO

Immer darauf bedacht den neuesten Trends im Freizeitbereich gerecht zu werden, orientiert sich dieser zeitgenössischer Kreuzfahrttypus im wesentlichen an das amerikanische Freizeitverhalten und der dazugehörigem Mentalität (Bischoff, 2000, S.44). Neben garantierter Unterhaltung sind die umfassende Organisation und Be-treuung der Landausflüge, die „den gewünschten Rundumschutz und die nötige Sicherheit vor unliebsamen Erlebnissen auf den Inseln" (Ratter, 1994, S.15) gewährt. Um den Kreuzfahrtgästen ansprechende Landausflüge zu ermöglichen sind an den Ziel- und Zwischenstationen der Reise Geschäftsstraßen mit guten Einkaufsmöglich-keiten, eine reizvolle abwechslungsreiche Landschaft, kulturhistorische Sehens-würdigkeiten und schöne Strände mit Bademöglichkeiten von großer Bedeutung. Des Weiteren bedarf es einer dementsprechenden Infrastruktur in den Häfen. Große

Piers und moderne Schiffsanleger mit guter technischer Ausstattung sind die unbedingte Voraussetzung um das Anlegen großer Luxusliner zu ermöglichen (Bischoff, 2000, S.44; Ratter, 1994, S.15).

Eine besonders beliebte Hafenstadt bei den Kreuzfahrttouristen ist Nassau auf den Bahamas. Neben Standortvorteilen wie einer gut passierbaren Zufahrt und der Nähe zu Floridas Häfen bietet Nassau eine Vielzahl an Attraktionen, die sich alle zudem noch in unmittelbarer Nähe der Piers befinden. Das Interesse der hauptsächlich amerikanischen Touristen gilt in erster Linie den Sehenswürdigkeiten, die mit der britischen Kolonialherrschaft, der Piratenzeit, der Amerikanischen Revolution und der Bürgerkriegs- und Prohibitionszeit in Verbindung gebracht werden (Ungefehr, 1988, S.104 ff, S.137).

Auch die Hauptstadt Santo Domingo gilt als beliebtes Ziel, wobei die dominikanische Republik vergleichsweise wenig von den großen Reedereien angesteuert wird (vgl. Abb. 7), da dort der touristische Fokus im Resorttourismus liegt. Santo Domingo gilt als die älteste noch bestehende europäische Stadt in Amerika und wurde 1990 von der UNESCO als Weltkulturebene unter Denkmalschutz gestellt. Allerdings trat eine Rückbesinnung auf das kulturelle Erbe und eine grundlegende Einstellungsänderung erst recht spät, d.h. in den 60er Jahren, ein. Seit dieser Zeit wird nun vermehrt an der Erhaltung historischer Bausubstanz, auch mit Hinblick auf den touristischen Aspekt, gearbeitet, wobei die Folgen der Suburbanisierung und die Verslumung mehr oder minder präsent bleiben werden (Sagawe, 1992, S.536ff).

Aber nicht nur die traditionellen Hafenstädte und bekannten Strände sind bevorzugte Stationen. Ein neuer Trend in der Karibik sind reedereieigene bzw. gepachtete Inseln. Sie schließen jede Fremdbeeinflussung durch Einheimische aus und garantieren so einen ungestörten Strandaufenthalt (Bischoff, 2000, S.40; Suchanek, 2000, S.26).

4.3.1   Auswirkungen

Das konsequent verfolgte Ziel der Kreuzfahrtlinien ist die Profitmaximierung. Nicht nur durch letztgenanntes Beispiel der eigenen Inseln versuchen sie die Ausgaben der Passagiere an Bord zu erhöhen. Auch werden immer mehr schiffseigene Freizeitaktivitäten und Einkaufsmöglichkeiten dargeboten. Dadurch wird Jahr für Jahr weniger Geld in den angelaufenen Häfen ausgegeben, was weitreichende Konsequenzen für die eh schon angeschlagene ansässige tourismusorientierte Wirtschaft und die lokale Bevölkerung hat. „Die Kreuzfahrtindustrie nutzt lokale Infrastrukturen, gibt aber nichts der lokalen Wirtschaft zurück. Einzige signifikante Einnahmequelle der angesteuerten Inseln ist die Eintrittsgebühr, die Hafen- oder Kopfsteuer für Kreuzfahrturlauber." (Suchanek, 2001, S.34) Auch bei der Nahrungsmittelversorgung werden die Einheimischen nicht miteinbezogen und zwar noch weniger als beim Hoteltourismus, da die Schiffe die gesamte Verpflegung in den US-amerikanischen Häfen laden (Suchanek, 2000, S.26f).

Aber nicht nur die Versorgung der Kreuzfahrtpassagiere ist kritisch zu sehen. Weitere Negativaspekte werden auch bei der Entsorgung von Abfällen und Abwässern deutlich. Laut *Suchanek* produziert allein ein Kreuzfahrtschiff mit 1200 Passagieren und Besatzung jeden Tag durchschnittlich 4,2 Tonnen Müll, wobei andere Abfallstoffe wie Ölreste, Abwasser und sanitäre Rückstände nicht mitgerechnet werden. Diese werden meist nicht ordnungsgemäß entsorgt und landen zunächst im Meer und später an den Stränden. Die ökologischen Folgewirkungen sind dementsprechend immens.

Auch die Errichtung der Pieranlagen und die Vertiefungen der Hafenbecken erfordern schwerwiegende Eingriffe in die marine Umwelt. Korallenriffe werden durch notwendige Sprengungen und Sandabbau stark geschädigt oder ganz zerstört. Aber auch die Schiffe selbst zerstören diese empfindlichen Ökosysteme, indem sie entweder mit ihnen kollidieren oder im Falle zu kleiner Piers bei den Korallen Anker setzen (Ratter, 1994, S.18; Suchanek, 2000). Weitere Probleme, die mit dem hohen Aufkommen an Schiffen in Verbindung gebracht werden, sind neben den allgemeinen Verschmutzungen der Gewässer, auch die Störungen der Aquafauna, die zu Änderungen im instinktiven Verhalten führen kann (Ratter, 1994, S.16).

Den ganzen vom Kreuzfahrttourismus verschuldeten negativen Auswirkungen, die die Karibik zu erdulden und zu bewältigen hat, steht jedoch ein unschlagbarer Vorteil für die Tourismusbranche gegenüber, der für die schwimmenden Touristik-Resorts spricht. Sie haben eine gewisse Unabhängigkeit von den Urlaubsländern, können überall hin ausweichen, wenn die Urlaubsattraktivität der jeweiligen Region nicht mehr gegeben ist und können, wie es Suchanek treffend formuliert „auch bei einem noch so hohen Meeresspiegelanstieg nicht untergehen" (Suchanek, 2000, S.31).

Ökotourismus

Anfang der 90er Jahren entwickelte sich in Verbindung mit dem allgemein aufkommenden Umweltbewusstsein ein neuer Trend im Tourismussektor und der Begriff des Ökotourismus kam auf. Diese neue Vermarktungsmöglichkeit der natürlichen Ressourcen erkannten selbstverständlich auch die Tourismusfirmen im karibischen Raum.

Auf nahezu allen Inseln, auch auf denen die vom Massentourismus geprägt sind, kann man inzwischen speziell angelegte Naturpfade in Regenwäldern, Nationalparks und Naturreservate finden. Zu den Angeboten für die Touristen, die das Bild eines naturnahen Urlaubsaufenthaltes vermitteln sollen, gehören u.a. Dschungelexpeditionen, Trekkingtouren, ‚Birdwatching' und Exkursionen zu Wasserfällen oder Kaffee-Plantagen. Jedoch nur zu oft erweisen sich diese unter dem Etikett „Ökotourismus" verkauften Angebote als geschickt verpackte Standardware (AG Karibik, 2006; Ratter, 1994, S.22).

Denn die eigentliche Bedeutung des Begriff Ökotourismus umfasst viel mehr als das reine Naturerlebnis. Im Besonderen impliziert diese Tourismusform das Konzept einer nachhaltigen Entwicklung, die Schaffung von Möglichkeiten für den Naturschutz und eine sozio-kulturelle Verträglichkeit, die eine langfristige Einkommensmöglichkeit für die lokale Bevölkerung beinhaltet. Zudem sollte sie auch wirtschaftlich interessant und ökonomisch profitabel sein, um sich selbst erhalten zu können und mit den

Erträgen zumindest teilweise die Naturschutzarbeit in der Region finanzieren zu können (Beier, 1997, S.56; Bischoff, 2000, S. 27; Mader, 2000).

Auswirkungen

Doch die meisten der eben genannten Angebote können bei näherer Betrachtung weder eine wirklich schonende Landnutzung, einen sparsamen Ressourcenverbrauch, noch eine möglichst geringe Umweltbelastung aufweisen. Beispielsweise kommt es wegen der Massen an ‚Öko‘-touristen auch hier zu Erosionsschäden und Vegetationszerstörung (Ratter, 1994, S.18). Der Punkt der Sozialverträglichkeit bleibt bei den meisten der genannten Projekte ebenfalls unberücksichtigt, weil auch hier die einheimische Bevölkerung nicht miteinbezogen, bzw. sogar regelrecht ausgeschlossen wird.

Ein Beispiel dafür ist das ursprüngliche Volkscamping auf Kuba, das als eine Art Vorläufer für den Ökotourismus gilt. Ursprünglich ermöglichte es Urlaub für die Kubaner und war vom Prinzip her ein naturorientierter Tourismus mit einfachen Mitteln. Als man dies nun auch für den internationalen Tourismus nutzen wollte wurden die Campingplätze umgebaut und durften nicht mehr von den Kubanern genutzt werden (Beier, 1997, S.54).

Dies ist nur ein Beispiel von vielen. Man muss jedoch hinzufügen, dass es vor allem in den letzten zehn Jahren auch positive Entwicklungen in diesem Bereich gab und Projekte erschaffen wurden, die der Definition des Ökotourismus weitaus näher kamen. Beispielsweise wurden die Besucherzahlen in den Naturschutzgebieten begrenzt, Einheimische integriert und Einnahmen in den Naturschutz gesteckt. Dies ist jedoch bisher leider die Ausnahme und macht nur einen Bruchteil des Ökotourismus aus.

Daraus ließe sich schlussfolgern, dass der sogenannte Ökotourismus, der mehr von der Tourismuswirtschaft als von Naturschutzbehörden bestimmt wird, nur eine weitere zusätzliche Gefahr für die kulturelle und natürliche Vielfalt der Karibik darstellt. Damit hat er dann eher die Wirkung als ein Vorbereiter des Massentourismus mit allen seinen beschriebenen negativen Auswirkungen. Eine Chance zum Schutz der Biodiversität und zur Sozialverträglichkeit könnte hingegen ein „echter, von Einheimischen kontrollierter Öko- und Fair Trade Tourismus sein". (Suchanek, 2001, S.37)

Resümee

Die Karibik bietet mit ihrem außerordentlich differenzierten und interessanten Natur- und Kulturraum ein wahres Urlaubsparadies. Seit dem Beginn des Tourismus in dieser Region kam es zu einer starken Differenzierung des Tourismusmarktes. Der frühe Individualtourismus wurde zunächst vom Massentourismus verdrängt, bis dieser wiederum durch eine stärkere Marktsegmentierung ergänzt, bzw. teilweise auch abgelöst wurde.

Jede dieser spezifischen Tourismusformen hat jedoch auch ihre Schattenseiten für die Entwicklung der Westindischen Inseln. Die genannten Probleme und Aus- wirkungen können ohne jeden Zweifel auf den Touristen an sich und die gesamte Tourismusindustrie zurückwirken, was auf lange Sicht hin zum Wohl des wichtigsten Wirtschaftszweiges der Karibik nicht weiter unberücksichtigt bleiben darf. Obwohl ein Umdenken in Ansätzen langsam erfolgt, ist jedoch von weitreichenden Umsetzungen nachhaltiger, natur- und kulturnaher Projekte noch recht wenig zu sehen.

Vor allem bleibt es auch fraglich ob es besonders in den großen Tourismussektoren in unmittelbarer Zukunft zu den nötigen Veränderungen kommen kann, um noch schlimmere Folgen zu verhindern. Die Erhöhung von Hafengebühren und Kopf- steuern, eine ordnungsgemäße Abfallentsorgung, Verbote für Ankersetzen in Korallengebieten und die Limitierung von Kreuzfahrtschiffen und Passagieren sind zumindest ein Schritt in die richtige Richtung im Kreuzfahrtbereich. Und auch die großen Hotelanlagen scheinen inzwischen den Ernst der Lage erkannt zu haben und versuchen beispielsweise mit Umweltlabels (z.B. ‚Green Globe 21‘), die u.a. Wasser- und Energieeinsparungen, Recycling und Fair Trade Produkte vorsehen, ihren guten Willen zu zeigen. Um jedoch weitreichend etwas zu verändern bedarf es raschen Maßnahmen, um einer weiteren Schädigung des Tropenpardieses Karibik entgegen zu wirken und nicht die Ausgangsvoraussetzung des Tourismus, den wertvollen Naturraum, zu zerstören. Dies wäre nicht nur bedeutsam in Sinne einer ökologischen Nachhaltigkeit, sondern auch einer ökonomischen, da sich der Attraktivitätsverlust langfristig in den Besucherzahlen und den Erträgen niederschlagen wird.

Literaturverzeichnis

Arbeitsgemeinschaft Karibik e.V. (2007a): Golfen in der Karibik. Abrufbar unter: www.karibik.de am 12. Juni 2008

Arbeitsgemeinschaft Karibik e.V. (2007b): Unterwasserparadies Karibik: tauchen lernen im Urlaub. Abrufbar unter: www.karibik.de am 12. Juni 2008

Arbeitsgemeinschaft Karibik e.V. (2006): Naturparadies Karibik. Abrufbar unter: www.karibik.de am 12. Juni 2008

Arbeitsgemeinschaft Karibik e.V. (2003): Golferherzen schlagen für die Karibik. Abrufbar unter: www.karibik.de am 12. Juni 2008

Beier, B. (1997): Ökotourismus in Kuba. Ökoschwindel oderAlternative zum herkömmlichen Tourismus? In: Praxis Geographie, Band 27, Heft 7/8, S.54-57

Bischoff, C. A. (2000): Kreuzfahrt- und Ökotourismus in Dominica. Münster. (=Münstersche Geographische Arbeiten Bd. 44)

Blume, H. (1973): Die Westindischen Inseln. Braunschweig.

Bürgi, A. (1994): Arbeit durch Tourismus. Eine Feldstudie zur Auswirkung des Tourismus auf den Arbeitsmarkt in Entwicklungsländern am Beispiel der Karibik. Basel.

Bürskens, H. (1990): Der Tourismus auf Barbados. In: Geographische Rundschau , Band 42, Heft 1, Seite 26-32

Cramer, H. (2002): Evaluierung des psychotropen Substanzkonsums 14 - 20 - jähriger Jugendlicher der Secondary Schools in Grenada / West Indies und Betrachtung ausgewählter Einflussgrössen im urbanen - ruralen Vergleich.
Abrufbar unter: http://www.diss.fu-berlin.de/diss/servlets/MCRFileNodeServlet/
FUDISS_derivate_000000000588/01_Kapitel1.PDF?hosts= am 12.06.2008

Caribbean Tourism Organization (2008): Abrufbar unter:
http://www.onecaribbean.org/ am 10.06.2008

Duval, D. T. (2004): Tourism in the Caribbean - trends, development, prospects.
London.

Gewecke, F. (2007): Die Karibik, zur Geschichte, Politik und Kultur einer Region.
Frankfurt.

Greiner, J. (1998): Die Karibik – das letzte Urlaubsparadies. In: ded – Brief, Heft 1

Haas, H. & J. Scharrer (1997): Tourismus auf den Karibischen Inseln. Entwicklung, Struktur und Auswirkungen des internationalen Fremdenverkehrs. In: Geographische Rundschau , Band 49, Heft 11, Seite 644-650

Henkel, K. (2000): Tourismus-Apartheid. Dollarisierung, Tourismus und die Folgen in Kuba. In: Lateinamerika Nachrichten, Heft 313/314

INEX Communications GmbH (2008): Karibik-Magazin.
Abrufbar unter: www.karibik-magazin.com am 25. Mai 2008

Kubisch, B. (2008): Dominikanische Republik als Partnerland der ITB Berlin.
Abrufbar unter: http://www1.messeberlin.de/vip8_1/website/Internet/Internet/www.itb-berlin/pdf/Spezialpressedienst/ITB_Berlin_Spezial-Pressedienst_3_Partnerland_
DomRep_d.pdf am 24. April 2008

Mader, R. (2000): Ökotourismus in Lateinamerika.
Abrufbar unter: www2.planeta.com/mader/ecotravel/tour/latam.html am 1. Januar 2000

Ratter, B. (1994): Die Umwelt macht keine Ferien. In: Grenz, W. (Hrsg.) (2004): Karibische Vielfalt – Karibische Einheit, S. 11 – 23. (= Lateinamerika Bd. 27 – Institut für Iberoamerika – Kunde. Hamburg.)

Rentschler, T. (2007): Sextourismus boomt weiter. Abrufbar unter: http://www.recompr.de/pdf_dateien/fnp_sextourismus.pdf am 12. Mai 2008

Rieger, G. (1994): Die Karibik zwischen Souveränität und Abhängigkeit. Freiburg.

Sagawe, Th. (1992): Die Altstadt von Santo Domingo. In: Geographische Rundschau, Band 44, Heft 9, S.536-542.

Suchanek, N. (2000): Ausgebucht - Zivilisationsfluch Tourismus. Stuttgart.

Suchanek, N. (2001): Die dunklen Seiten des globalisierten Tourismus. Zu den ökologischen, ökonomischen und sozialen Risiken des internationalen Tourismus. In: Aus Politik und Wirtschaft, 2001, B.47, S. 32-39.

Tellez, O. (2000): Touristische Regionalentwicklung in Kuba. Abrufbar unter: http://www.tourism-watch.de/dt/18dt/18.kuba/index.html am 2.Juni.2008

Ungefehr, F. (1988): Tourismus und Offshore-Banking auf den Bahamas: Internationale Dienstleistungen als dominanter Wirtschaftsfaktor in einem kleinen Entwicklungsland. Frankfurt am Main.

Wunderlich, A. (2008): Saint Martin.
Abrufbar unter: http://www.saintmartinfwi.com/Landkarte_Karibik_Gross.gif am 20.07.2008